Sitzungsberichte
der Heidelberger Akademie der Wissenschaften
Stiftung Heinrich Lanz
Mathematisch-naturwissenschaftliche Klasse
Jahrgang 1926. 11. Abhandlung.

Kugelförmige Absonderung

Von

Wilhelm Salomon
in Heidelberg

Eingegangen am 24. Oktober 1926

Berlin und Leipzig 1926
Walter de Gruyter & Co.
vormals G. J. Göschen'sche Verlagshandlung / J. Guttentag, Verlagsbuchhandlung / Georg Reimer / Karl J. Trübner / Veit & Comp.

Kugelförmige Absonderung.

Die Untersuchung der Gesteinsklüfte hat in den letzten beiden Jahrzehnten eine große Bedeutung gewonnen. Dabei wird zwar noch darüber gestritten, welche Entstehung die Primärklüfte der Tiefengesteine haben. Aber bei den Ergußgesteinen dürfte wohl niemand daran zweifeln, daß sie primäre Kontraktionsklüfte bilden. Zweifelhaft ist nur, wie weit diese noch erkennbar bleiben, nachdem Orogenesen ihr Gesteinsmaterial umgeformt haben. LEHMANN[1]) glaubte zu zeigen, daß die Porphyre des östlichen Harzvorlandes keine primären Kontraktionsrisse mehr erkennen lassen. Dagegen ist es I. VOELCKER[2]) bei einer auf meine Veranlassung zur Prüfung dieser Frage ausgeführten Dissertation gelungen, sowohl in dem Porphyrschlot des Wachenberges bei Weinheim wie in den Porphyrdecken von Dossenheim—Schriesheim deutlich die primären Kontraktionsrisse von sekundären tektonischen Rissen zu unterscheiden.

Auch das Gesetz der Anordnung der Kontraktionsrisse ist seit langer Zeit genau bekannt. IDDINGS[3]) hat die Mechanik der Kluftbildung eingehend untersucht und aufzuklären gesucht. Ich selbst habe 1910 die Iddingssche Studie kritisch behandelt[4]) und gezeigt, daß die Anordnung der Kontraktionsklüfte in Laven wie in Tiefengesteinen nur indirekt von der Form und Lage der abkühlenden Grenzflächen, unmittel-

---

[1]) H. LEHMANN, Die Gesteinsklüfte des östlichen Harzvorlandes. Geol. Archiv 1923. Bd. I, S. 13—34.

[2]) I. VOELCKER, Vergleichende Untersuchungen der Grund- und Deckgebirgsklüfte im südlichen Odenwald. II. Teil. Das Gebiet zwischen Neckar und Schriesheimer Tal. Verh. Naturh. Med. Ver. Heidelberg XV.

[3]) J. P. IDDINGS, The columnar structure in the igneous rock on Orange Mountain, N. J. Amer. Journ. Science. 31. 1886. S. 321—331. — Erst jetzt erfahre ich durch Herrn Prof. ERDMANNSDÖRFFER, daß IDDINGS in seinen Igneous Rocks, Bd. I (New York 1909), S. 317—330 die Absonderung noch einmal in ähnlicher Weise, wenn auch mit gewissen Zusätzen behandelt hat und dabei nun ebenfalls (S. 323) die isothermalen Flächen als maßgebend für die Anordnung der Absonderungsklüfte ansieht.

[4]) Die Adamellogruppe. Teil II. Abhandlungen d. Wiener geologischen Reichsanstalt. Bd. XXI, Heft II. 1910. S. 523—526.

bar aber von der Lage der isothermalen Flächen innerhalb der Gesteinsmasse abhängt. Und zwar ist eigentlich immer ein Kluftsystem vorhanden, das diesen Flächen parallel verläuft, während ein oder mehrere andere senkrecht dazu stehen (Basaltsäulen). Dadurch ist auch die von vielen Orten bekannte Krümmung oder Knickung der Säulen leicht zu erklären (Forst in der Pfalz, Orange Mountain, N. J., Staffa und Nachbarinseln, Hebriden). Denn wie schon IDDINGS in seiner ausgezeichneten Studie hervorhob, ist die „rate of cooling" an der Unterfläche jedenfalls verschieden von der an der Oberfläche, so daß schon dadurch Unregelmäßigkeiten entstehen können. Es gibt aber noch eine ganze Reihe von anderen Ursachen unregelmäßigen Verlaufes der isothermalen Flächen in der noch heißen, aber bereits erstarrten Gesteinsmasse. Die wichtigste davon scheint mir die örtlich ganz verschieden rasche Abgabe von Gasen durch Fumarolen der Lavaoberfläche zu sein, die man bei Lavaströmen unzählige Male beobachtet hat. Dadurch werden bestimmte Teile eines Lavastroms viel rascher abgekühlt werden als andere; und es müssen verwickelte Formen der isothermalen Flächen entstehen (a. a. O. S. 524—525). Fehlen solche Unregelmäßigkeiten und ist die Form der in Abkühlung begriffenen Gesteinsmasse einfach, dann trifft die in vielen Lehrbüchern verbreitete Angabe zu, daß die Kontraktionsrisse der abkühlenden Oberfläche parallel gehen oder senkrecht zu ihr stehen.[1]) In jedem anderen Falle ist die Angabe falsch.

Durch verschiedenartige Kombination und Häufigkeit der Klüfte beider Systeme entstehen nun verschiedenartige Absonderungsformen, die ich als bekannt voraussetzen darf. Sehr merkwürdig aber ist es, daß bei der Aufzählung dieser Absonderungsformen in der Literatur fast immer auch von einer kugelförmigen Absonderung gesprochen wird. Sie wird von Tiefengesteinen wie von Laven beschrieben. Allerdings ist es außerordentlich oft sehr zweifelhaft, ob es sich überhaupt um eine echte primäre Absonderung handelt oder um sekundäre kugelförmige Verwitterung parallelepipedischer Gesteinsstücke. Daß diese letztere genau dieselben Formen zu liefern imstande ist, zeigt schon die altbekannte Tatsache, daß parallelepipedisch zerdrückte Grauwacken dieselben Kugeln bilden wie die Erstarrungsgesteine (z. B. Basalte, Melaphyre). Daß aber auch die Kugeln der Laven sicher oft genug lediglich als Verwitterungskugeln aufzufassen sind, zeigt sehr deutlich der Basalt des Roßberges im Odenwald. Er besitzt primäre Kontraktions-

[1]) Die Kontraktionsrisse austrocknender Sedimente haben, wenn sie überhaupt regelmäßig sind, ebenfalls die Neigung parallel und senkrecht zu den Grenzflächen aufzureißen. Siehe H. SUBER, Zentralblatt f. Mineralogie. 1926. Abt. B, S. 350—353.

säulen, die durch ein Kluftsystem parallel zu den alten isothermalen Flächen quergegliedert sind. Dadurch entstanden Säulentrommeln, die sich nachträglich bei der Verwitterung in Kugeln verwandeln. Sie liegen deutlich in der Achse der Säulen angereiht, und keine von ihnen greift über die Grenzfläche der Säulen über.

Auf der anderen Seite wird von vielen Forschern primäre kugelige Absonderung beschrieben. Ich selbst sah vor etwa zwei Jahrzehnten im Murgtal (Schwarzwald) einen Granitprellstein, aus dessen Seitenfläche ein Kugelsegment etwas herausragte. Offenbar war es dem Steinmetz zu mühsam, es abzumeißeln; und bei der Abnahme der Steine war der kleine Fehler nicht beachtet worden. Das Gestein war vollständig frisch.

Ohne noch mehr derartige Fälle aus der Literatur herauszusuchen, darf ich also wohl hoffen, daß man allgemein das Vorkommen einer primären kugelförmigen Absonderung der Erstarrungsgesteine zugeben wird. Wenn sie vorhanden ist, kann auch sie nur auf Schrumpfung beruhen. Aber wie paßt diese Absonderungsform zu dem Gesetz der anderen, daß die Risse parallel oder senkrecht zu den isothermalen Flächen stehen?

Iddings sagt in der erwähnten Arbeit wörtlich: „The uniform contraction of a homogeneous body acts equally in every direction through it, and its effect corresponds to the equal shortening of the radii of a sphere of such a body. If from a uniform resistance cracking or parting occurs it will take the form of concentric spherical shells.“ Er fügt hinzu, daß bei ungleichem Widerstand elliptische Körper (d. h. rotationsellipsoidische Körper) entstehen müßten und beschreibt, daß in einem der von ihm untersuchten Steinbrüche die dicken Säulen in solche Ellipsoide zerfielen. Mir scheint da genau derselbe Fall vorzuliegen, den ich vom Roßberg erwähnt habe; und ich möchte vermuten, daß auch in dem Iddingsschen Beispiel die Ellipsoide wohl erst durch Verwitterung entstehen. Tatsächlich sagt Iddings weiter, daß die unteren Hälften der meisten Sphäroide besser entwickelt sind als die oberen, „but this may result from the secondary action of frost“ usw. Auch Rosenbusch ordnet die kuglige Absonderung bei den übrigen ein und sagt: „Die Größe der Kugeln hängt von den Entfernungen der Schrumpfungszentren voneinander ab“ usw. Auch er setzt also, wie Iddings, ohne weiteres voraus, daß bei der Schrumpfung im festen Zustand Kugeln entstehen können (Elemente der Gesteinslehre. 1898. S. 24. Ebenso in den späteren Auflagen).[1])

[1]) Rosenbusch kommt auf Grund der Iddingsschen Darstellung zu der Auffassung, als ob in demselben Gesteinskörper in den am schnellsten abgekühlten

Ich erkenne nun an, daß eine heiße, im kühleren Raume frei schwebende Kugel sich in der von IDDINGS beschriebenen Weise kontrahieren würde. Ich verstehe aber nicht, wie innerhalb einer von der oberen wie von der unteren Grenzfläche her abgekühlten, bereits erstarrten Gesteinsmasse der Erdoberfläche oder innerhalb einer irgendwie geformten Tiefengesteinsmasse die Wärmeverteilung so werden könnte, daß zu lauter getrennten Zentren hin von allen Seiten her eine Schrumpfung des festen Gesteins eintreten könnte. Dazu müßte doch Voraussetzung sein, daß alle diese Schrumpfungszentren kälter als ihre Umgebung und von kugelförmigen isothermalen Flächen umgeben wären. Eine solche Wärmeverteilung scheint mir unmöglich zu sein.

Dann aber bleibt nur eine Erklärungsmöglichkeit übrig, daß nämlich die Kugelschrumpfung überhaupt gar nicht im festen Zustande des Gesteines eingetreten ist, sondern während des Überganges vom flüssigen in den festen Zustand.[1]) Daß die Silikatgesteine bei dem Übergange eine Volumverringerung durchmachen, steht fest. Voraussetzung für diese Erklärung ist also nur die Annahme, daß die Kristallisation der Schmelze an räumlich hinreichend weit voneinander entfernten Punkten einsetzt und daß diese bei der weiteren Kristallisation als Ansatzzentren dienen. Nun ist es ja tatsächlich selten, daß die natürlichen Schmelzen Eutektika darstellen; und die Kristallisation pflegt bei einzelnen Mineralien zu beginnen, die in kleinen Mengen vorhanden sind, so daß sie genügend weit voneinander entfernt bleibende Kristallisationskeime bilden. Die Voraussetzungen für die hier gegebene Erklärung sind also tatsächlich vorhanden. Ist sie aber richtig, dann darf die kugelförmige Absonderung nicht in einer Reihe mit den anderen genannt werden. Denn dann handelt es sich um zwei grundsätzlich voneinander verschiedene Vorgänge.

Eine Nachprüfung meines Erklärungsversuches müßte dadurch möglich sein, daß die im festen Zustande entstehenden Absonderungsklüfte jünger wären als die Kugeln. Sie sollten also diese auch schneiden können. Ich würde den Fachgenossen dankbar sein, wenn sie feststellten, ob das tatsächlich vorkommt.

Teilen dünne Platten, weiter im Innern dickere, dann Prismen oder Säulen und schließlich ganz im Innern Kugeln entstünden. Auch in der zweiten Auflage behält er diese Darstellung unverändert bei. F. VON WOLFF, Vulkanismus I, S. 250 schließt sich ihr an.

[1]) ZIRKEL, Petrographie, II. Auflage, 1893, Bd. I, S. 514 u. f. glaubte alle Absonderungsformen durch Schrumpfung beim Übergang von einem Aggregatzustand zum andern erklären zu müssen, was jetzt wohl allgemein abgelehnt wird. Jedenfalls stellte aber auch er die kugelförmige Absonderung in eine Reihe mit den anderen.

Nachtrag.

Mein verehrter Kollege Herr Prof. ERDMANNSDÖRFFER, dem ich das vorstehende Manuskript mit der Bitte um kritische Durchsicht übergab, schreibt mir: „Es gibt bei den Erstarrungsgesteinen primäre und sekundäre kugelförmige Absonderungen. Ein besonders beweisender Umstand ist für erstere das konzentrische Auftreten von Gasblasen in den Basalt- oder Diabaspolstern, das ich selbst von vielen Harzer Vorkommen her kenne. Der Mechanismus des Vorganges ist nicht ganz klar, hängt aber sicher mit einer konzentrischen Erstarrung (vom Rande her?) zusammen, woraus hervorgeht, daß tatsächlich die Bildung der Kugeln noch in die magmatisch-flüssige Phase fällt.

Sekundäre Kugelbildung kommt im Harz nicht nur bei Grauwacken, sondern, wenn auch selten, bei gutgeschichteten Kulmtonschiefern vor.“

Kolibri 360 GmbH
Ferdinand-Jühlke-Straße 7
99095 Erfurt, Deutschland
produktsicherheit@kolibri360.de